AF359349

Extrait des Archives du Comice agricole
de l'Arrondissement de Lille.

ENQUÊTE

SUR LA SITUATION ET LES BESOINS DE L'AGRICULTURE.

RÉPONSES FAITES

PAR LE COMICE AGRICOLE DE LILLE.

LILLE

TYP. DE BLOCQUEL-CASTIAUX, GRANDE PLACE, 13
1866

ENQUÊTE

SUR LA SITUATION ET LES BESOINS

DE L'AGRICULTURE.

RÉPONSES FAITES

PAR LE COMICE AGRICOLE DE LILLE.

I. — Conditions générales de la Production agricole.

§ 1.er *Etat de la Propriété territoriale.*

I. De quelle manière est divisée la propriété territoriale dans la contrée sur laquelle porte l'enquête ?

Quelles sont les étendues de terrain qui, dans la contrée, sont considérées comme constituant les grandes, les moyennes et les petites propriétés ?

Quelles sont les proportions relatives de ces diverses natures de propriétés ?

La propriété territoriale, dans l'arrondissement de Lille est généralement formée de terres arables ; elle est très-divisée.

La petite propriété comporte une étendue de trois hectares au plus.

La moyenne propriété est comprise entre trois hectares et dix hectares.

La grande propriété est celle s'élevant au-dessus de dix hectares.

La petite propriété compte pour deux cinquièmes.

La moyenne propriété pour deux cinquièmes.

La grande propriété pour un cinquième, dans la division territoriale.

STATISTIQUE.

Terres labourables	68,291 hectares.	
Prairies naturelles	6,124 »	
Cultures arborescentes	1,398 »	87,439 hectares.
Paturages	238 »	
Superficies diverses	11,388 »	

2. Quelle influence les changements qui ont pu avoir lieu depuis les trente dernières années dans la division de la propriété ont-ils exercée sur les conditions de la production ?

L'influence des changements opérés depuis trente ans dans la division de la propriété ne semble pas s'être fait sentir.

3. En quelle proportion compte-t-on, parmi les ouvriers agricoles, ceux qui, propriétaires de lots de terre plus ou moins importants, travaillent alternativement pour eux et pour les autres ?

Dans certains cantons, les propriétaires-ouvriers ne travaillent que pour leur propre compte ; dans d'autres, ils sont les auxiliaires les plus utiles du cultivateur, qui en retour les aide dans les travaux de labourage.

§ 2. *Mode d'exploitation.*

4. Quels sont les divers modes d'exploitation du sol ? Dans quelles proportions existent la grande, la moyenne et la petite culture?

Toutes les terres sont exploitées à la charrue ou à la houe par le propriétaire ou par fermiers.

Un cinquième est cultivé à bras. — Petite culture.

Deux cinquièmes par la culture ayant un seul cheval. — Moyenne culture.

Deux cinquièmes par la culture à plusieurs chevaux. — Grande culture.

La statistique donne les chiffres suivants pour le Département.

Proportion p. %. des Fermes ayant					
MOINS DE 3 Hectares	DE 5 A 10 Hectares	DE 10 A 20 Hectares	DE 20 A 50 Hectares	DE 50 A 100 Hectares	Plus de 100 Hectares
54	22	14	8	2	»

5. Les grands propriétaires, les propriétaires moyens et les petits propriétaires exploitent-ils généralement par eux-mêmes ou font-ils exploiter sous leurs yeux et à leur compte?

Les grands propriétaires exploitants sont les cultivateurs industriels, les hommes de progrès ; ils sont malheureusement en trop petit nombre.

La majorité des grands propriétaires réside à la ville ou au chef-lieu de canton.

Il en est de même pour les moyens et petits propriétaires.

STATISTIQUE.

19,147 propriétaires ne se livrent pas à l'exploitation du sol.

5,120 propriétaires ne cultivent que pour eux-mêmes.

12,486 sont fermiers.

6. Quelle est , parmi les grands , moyens ou petits propriétaires , la proportion de ceux qui louent leurs terres à des fermiers ou les font cultiver par des métayers ?

80 p. % des propriétaires donnent à ferme leurs propriétés.

7. Lorsque le régime du métayage existe , est-il d'usage qu'il y ait pour plusieurs domaines un fermier général servant d'intermédiaire entre les propriétaires et les métayers ?

Il n'y a pas de métayer dans l'arrondissement de Lille.

§ 3. *Transmission de la Propriété.*

8. Quels sont, pour les différentes espèces de propriétés et pour les divers genres d'exploitation , les prix de vente des terres suivant leur qualité , les variations que ces prix ont pu subir depuis un certain temps , en remontant à 30 ans au moins , et les causes de ces variations ?

Le prix moyen des terres arables est de 5,650 francs l'hectare.

Il était de 4,000 francs il y a trente ans.

La cause de cette augmentation est la baisse de la valeur du numéraire et le développement de la culture industrielle.

STATISTIQUE.

Valeur moyenne d'un hectare de terre labourable dans l'arrondissement de Lille :

1.ʳᵉ CLASSE	2.ᵐᵉ CLASSE	3.ᵐᵉ CLASSE
5,504 fr.	4,500 fr.	3,545 fr.

9. Les domaines sont-ils ordinairement conservés dans une seule main au moyen d'arrangements de famille particuliers , ou sont-ils divisés entre les enfants ou les héritiers à la mort du chef de famille, ou enfin sont-ils habituellement vendus ? Quelles sont les conséquences produites dans l'un ou dans l'autre cas ?

Les grands domaines , fort rares, sont conservés intacts dans les familles riches ; mais les exploitations agricoles, en général, sont composées de terres agglomérées par le système parcellaire et se ressentent peu des partages , ventes ou divisions résultant d'affaires de famille , puisqu'elles sont louées à charge de bail.

10. Les ventes de terre ont-elles lieu plus particulièrement en bloc ou au détail? Dans quelles proportions se pratiquent ces deux modes de ventes? Quelles sont les différences de prix suivant que l'un ou l'autre est employé?

Les ventes de terre en détail sont plus avantageuses et par conséquent plus communes.

Les ventes en bloc forment une exception minime dans la grande propriété et donnent lieu à un rabais de plus de 20 p. °/₀.

§ 4. *Conditions de location de la propriété.*

11. Quelles sont les prix de location des terres suivant leurs diverses qualités et dans les différents modes de constitution et d'exploitation de la propriété? Quelles variations ces prix ont-ils subies depuis trente ans au moins et quelles ont été les causes de ces variations?

Les terres se louent de cent à deux cents francs l'hectare.

Le prix de location a éprouvé une augmentation de 33 p. °/₀ depuis trente ans.

Les causes de l'augmentation de la location sont les mêmes que celles de la vente.

STATISTIQUE.

Taux du fermage par hectare de terre labourable :

1.ʳᵉ CLASSE	2.ᵐᵉ CLASSE	3.ᵐᵉ CLASSE
125 fr.	**110** fr.	**94** fr.

12. Quelles sont les conditions des baux à ferme , leur durée habituelle, les obligations qu'ils imposent aux fermiers, indépendamment du payement des fermages, notamment sous le rapport des redevances de toute espèce ? Quelles sont le plus habituellement la nature et la valeur de ces redevances ? Quelles modifications ont eu lieu dans les baux , sous ce dernier rapport particulièrement , depuis trente ans environ ?

Les conditions des baux à ferme renferment de nombreuses clauses surannées ; elles se résument par cette expression vague de cultiver en bon père de famille ; la durée du bail est de neuf ans.

STATISTIQUE.

3 p. % sont louées pour une période plus courte.
91 p. % sont louées pour neuf ans.
6 p. % sont louées pour une période plus longue.

Le fermage est payable une fois par année, à la Saint-Rémy; (en général à cet égard on laisse beaucoup de facilités au fermier) l'usage des redevances tend à se perdre , sauf celui du pot-de-vin qui est du 18.ᵐᵉ du fermage et qui se paie généralement en trois annuités, ou se répartit sur les neuf années du bail.

On payait autrefois le pot-de-vin en entrant en jouissance et même avant d'entrer en jouissance, ce qui était abusif.

La condition de laisser au fermier la propriété des graisses et amendices est accordée quelquefois; mais ce n'est encore qu'une exception, quoique cette clause soit éminemment favorable au progrès.

13. Quels sont les divers modes de payement du prix de location des terres par les fermiers ? Ce payement se fait-il pour la totalité ou pour partie , soit en argent, soit en nature ? Pour le payement en argent, le prix est-il fixé d'avance et reste-t-il invariable pendant toute la durée du bail , ou se règle-t-il d'après les cours des grains constatés par les mercuriales ? Pour le payement en nature, quelles conditions spéciales sont imposées ?

Les fermages se paient en argent.
Le prix en est fixe.
L'usage de payer en nature est tombé en désuétude.

14. Quelles sont les clauses et conditions des **contrats de métayage** ?

Pas de métayer et conséquemment pas de condition de **métayage**.

§ 5. *Capitaux. — Moyens de Crédit.*

15. Quel est le montant du capital de première installation dans une exploitation d'une importance donnée, et quel est le montant du capital de roulement ?

On compte qu'il faut, pour reprendre une ferme de grande ou moyenne culture, 800 francs à l'hectare d'installation et 400 francs de capital de roulement.

16. Ces capitaux suffisent-ils aux besoins de la **culture**, au perfectionnement des procédés agricoles et à l'amélioration des terres ?

La culture règle ses opérations sur ses ressources.
Les améliorations agricoles se ressentent de la pénurie de **capitaux** et, par suite, du manque d'initiative de l'exploitant.

17. Si les capitaux n'existent pas ou ne se trouvent pas en quantités suffisantes entre les mains de ceux qui possèdent les propriétés rurales ou qui les exploitent, comment ceux-ci peuvent-ils se les procurer ? Quelles facilités ou quels obstacles rencontrent-ils à cet égard.

L'exploitant industriel peut acheter le crédit.

Les capitaux du propriétaire non exploitant vont porter la prospérité aux affaires commerciales, manufacturières ou industrielles plus lucratives et se gardent de la ferme qui n'a pas le moyen de les payer.

Il est impossible au fermier d'emprunter avec profit parce que son industrie est la plus pauvre ; le fermier reste dans une position précaire.

18. A quel taux l'argent qui leur est nécessaire leur est-il habituellement fourni ?

Le taux de l'argent emprunté par le fermier est de 6 p. % par suite de frais de contrat, hypothèques etc.; dans ces conditions, un fermier qui emprunte est un fermier qui se ruine.

19. Dans le cas où la situation actuelle du crédit agricole serait considérée comme défectueuse, par quels moyens et par quelles modifications à la législation existante serait-il possible de l'améliorer ?

Il n'y a qu'un moyen de permettre au fermier d'aborder le crédit ; c'est de placer le cultivateur sur le même plan que ses rivaux, c'est de faire que la culture soit rémunératrice à l'égal des autres industries : RENDRE DE LA RÊNE A CELUI QUI EN MANQUE, EN RETIRER A CELUI QUI EN A TROP.

20. Les emprunts faits par les propriétaires ou les exploitants du sol sont-ils consacrés exclusivement à l'amélioration des terres et au développement de la culture ?

Les emprunts faits par le fermier en dehors du but de l'amélioration servent à préparer sa ruine.

21. Quelle est aujourd'hui , comparée à ce qu'elle était à d'autres époques , la situation hypothécaire de la propriété rurale ? Quelle est particulièrement cette situation pour le propriétaire exploitant et pour le propriétaire non exploitant ?

Les prêts hypothécaires ne semblent pas prendre de l'extension sur la propriété rurale ; les capitalistes n'aiment plus les prêts hypothécaires depuis qu'ils ont mille moyens plus simples de placer leurs capitaux ; le meilleur moyen , d'ailleurs , de trouver des capitaux quand on est propriétaire de terre et dans la gêne , c'est de vendre une partie de son bien.

22. Quelle a été l'influence exercée sur l'emploi des capitaux et des épargnes agricoles par le développement qu'a pris la fortune mobilière , et par la création de valeurs de toute nature ?

Autrefois le notaire était le banquier du cultivateur ; aujourd'hui la caisse de l'étude n'est guère ouverte qu'à l'industrie et au commerce dont les ressources sont seules à la hauteur du taux de l'argent.

§ 6. *Salaires. — Main d'œuvre.*

23. Les salaires des ouvriers de la culture ont-ils augmenté, et dans quelle proportion ?

Les salaires des ouvriers, en général, ont augmenté de 33 p. %.
Le chiffre donné par la statistique officielle du prix de la journée d'homme est de 1 fr. 37 c., ce chiffre est évidemment trop bas.

24. En a-t-il été de même des salaires des ouvriers et des domestiques autres que les domestiques employés pour la culture ?

Oui.

25. Quelles sont les causes de l'augmentation des salaires ?

C'est la concurrence du commerce et de l'industrie à l'agriculture.

26. Le personnel agricole a-t-il diminué ? Le nombre des ouvriers ruraux est-il en rapport avec les besoins de la culture, ou est-il devenu insuffisant ?

Le personnel agricole a déserté à la ville et à l'industrie, et il est devenu tout-à-fait insuffisant; il ne reste que les incapables à l'agriculture.

27. S'il y a insuffisance d'ouvriers agricoles, quelles en
sont les causes ?

C'est la haute rémunération du commerce et de l'industrie et la
pauvreté comparative de la culture écrasée par la concurrence
ci-dessus signalée.

28. Le mouvement d'émigration des populations rurales
vers les villes et l'abandon du travail des champs pour le travail industriel se sont-ils produits dans des proportions sen-
sibles ?

Il s'est produit dans des proportions énormes dans l'arrondissement; 15,832 ouvriers étrangers viennent du dehors aider aux
travaux de la moisson.
Cette situation est celle qui doit être : tout se fait en ville, rien ne
se fait à la campagne.

29. En cas d'affirmative , quelle est la proportion , dans ce
mouvement d'émigration , entre le nombre des hommes seuls,
celui des ménages et celui des femmes ou des filles seules ?

Les ménages ne vont à la ville que par exception, les hommes
seuls et les filles seules émigrent généralement sans concourir d'une
manière apparente à l'augmentation de la population urbaine parce
qu'ils conservent leur domicile au village.

30. Les ouvriers qui émigrent des campagnes vers les villes
sont-ils des terrassiers ou des ouvriers agricoles ? Apparticn-

nent-ils , au contraire , à des corps d'état tels que maçons , charpentiers , etc. ou à la classe des domestiques de maison ?

Ce sont les ouvriers agricoles ; les maçons , charpentiers et autres ouvriers en bâtiment ont depuis longtemps pris le devant à la ville , ce qui rend de plus en plus difficile l'exécution des travaux de construction dans les communes rurales.

31. Le manque de bras , là où il se fait sentir , provient-il uniquement de la diminution du nombre des ouvriers agricoles ? Ne résulte-t-il pas , dans une certaine mesure, des progrès de l'agriculture , et , notamment, de l'extension donnée aux cultures industrielles dont les travaux sont plus multipliés et exigeraient , dès lors , un personnel plus considérable pour une même surface cultivée ?

Le manque de bras provient uniquement de l'émigration vers les villes.

32. L'insuffisance des ouvriers agricoles ne provient-elle pas aussi de ce qu'un certain nombre d'entre eux , devenus propriétaires , travaillent une partie du temps sur leur propriété et n'offrent plus leurs services ou les offrent moins à ceux qui les employaient autrefois ?

Non.

33. L'insuffisance ne peut-elle pas être attribuée en partie à ce que les familles seraient moins nombreuses aujourd'hui qu'autrefois ?

Non.

34. Quelle a été l'influence exercée sur la diminution du personnel agricole, sur le taux des salaires et de la main-d'œuvre par l'emploi des machines dans l'agriculture ? L'emploi de ces machines s'est-il déjà étendu dans la contrée et a-t-il une tendance à se vulgariser de plus en plus ?

L'influence des machines a été nulle, puisqu'on n'a employé les machines qu'à défaut de bras.

Les machines à battre les grains tendent à se répandre, vu l'impossibilité d'exécuter ce travail sans le secours de la mécanique

35. L'usage des machines à battre, particulièrement, n'a-t-il pas enlevé du travail aux ouvriers agricoles à une certaine époque de l'année, et ces ouvriers n'ont-ils pas dû exiger une augmentation de salaire pour les autres travaux ? N'y a-t-il pas là aussi une cause d'émigration ?

C'est parce que la main d'œuvre a fait défaut qu'il a fallu employer les machines.

36. La manière de moissonner n'a-t-elle pas subi des modifications et n'exige-t-elle pas un personnel moins nombreux que par le passé ?

La manière de moissonner n'a subi aucune modification.

37. La somme de travail obtenue des ouvriers agricoles est-elle plus ou moins considérable que par le passé ?

L'ouvrier travaille le moins qu'il peut et, dans bien des cas, il faut que le maître ferme les yeux, parce qu'il a besoin de l'ouvrier qui est devenu le véritable maître de la situation.

La somme de travail obtenue est inférieure dans une proportion notable à ce qu'elle était autrefois.

38. Les conditions d'existence de cette partie de la population se sont-elles améliorées ? S'est-il produit des modifications favorables dans la manière dont elle est nourrie, dont elle est vêtue et logée ? Son bien-être général s'est-il accru, et dans quelle mesure ?

L'instruction primaire est-elle dirigée dans un sens favorable à l'agriculture, et quelle est son influence sur le choix des professions ?

Les sociétés de secours mutuels sont-elles suffisamment répandues dans les campagnes ?

L'assistance publique y est-elle convenablement organisée ?

Il s'est produit une amélioration sensible de la vie matérielle ; cette amélioration s'est produite dans la nourriture, le vêtement et le logement.

Le bien-être général s'est accru dans une large mesure.

Il y a tendance à donner à l'instruction primaire une direction agricole, malgré ces efforts, jusqu'aujourd'hui la direction de l'instruction a eu peu d'influence sur le choix de la profession.

Les sociétés de secours mutuels sont suffisamment répandues, mais elles offrent souvent l'occasion d'excès au cabaret.

L'assistance publique laisse beaucoup à désirer.

En somme le campagnard resterait aux champs, s'il y trouvait son GRAIN DE MIL.

39. S'est-il opéré des changements dans l'état moral des ouvriers de la campagne ? Leurs relations avec ceux qui les em-

ploient sont-elles moins faciles qu'autrefois? Quels sont les
résultats et les causes des changements survenus sous ce
rapport?

Le sentiment de l'indépendance s'est considérablement développé.
Les relations entre les maîtres et les serviteurs sont difficiles
Le maître est obligé, souvent, de changer de rôle.
La cause de cet état de choses est la prime-salaire offerte par
l'industrie.

40. Y aurait-il avantage à étendre aux ouvriers agricoles
les dispositions de la loi du 22 juin 1854 relative aux livrets ?

Oui, à la condition que le livret ne serait pas exclusivement favorable à l'ouvrier.

41. Le nombre des ouvriers nomades qui viennent se met-
tre à la disposition des cultivateurs pour les grands travaux de
la moisson et de la vendange est-il plus ou moins considérable
aujourd'hui que par le passé ? Quelle influence les faits de cette
nature exercent-ils sur la condition des ouvriers sédentaires
et sur leurs rapports avec ceux qui les emploient ?

Les ouvriers nomades étant en nombre insuffisant, les prétentions
de l'ouvrier sédentaire se sont élevées proportionnellement à la rareté
des bras.

§ 7. *Engrais.* — *Amendements des terres.*

42. Quels sont les divers engrais ou amendements dont l'agriculture fait usage dans le pays ?

Les fumiers de ferme, les purins, les boues des villes, les composts, l'engrais humain, les tourteaux, le guano, les déchets de laine, la chaux et tout ce qui peut contribuer à entretenir la fertilité du sol.

43. La production du fumier est-elle suffisante ? Y a-t-il besoin d'y suppléer par l'achat d'engrais naturels ou artificiels ?

On ne fabrique jamais assez de fumier, ce qui est une cause regrettable de grandes dépenses d'engrais artificiels ; la ferme, sous ce rapport, devrait suffire largement à ses besoins.

44. Pour une étendue donnée de terre, combien a-t-on ordinairement de chevaux, d'animaux de race bovine, ovine, porcine, etc. ? Ce nombre est-il ce qu'il devrait être eu égard à l'importance de l'exploitation ? Est-il suffisant pour donner la quantité de fumier nécessaire ? S'il ne l'est pas, quelles sont les circonstances qui s'opposent à ce qu'il atteigne la proportion voulue ?

On calcule sur la présence d'un cheval, trois vaches et un porc par fraction de sept hectares de terre arable.

Dans ces conditions, il ne peut y avoir d'agriculture prospère ; pour atteindre à la prospérité, il faudrait au moins une tête de gros bétail à l'hectare et l'entretien économique de ces animaux, le développement de la culture industrielle pourrait seul remédier à cette cause d'infériorité , en fournissant une nourriture économique au bétail et de l'engrais de qualité supérieure à bon marché.

45. Quels sont les frais que l'agriculture a à supporter pour l'achat d'engrais naturels ou artificiels ? Trouve-t-elle à cet égard des facilités et des garanties suffisantes ? Que pourrait-il être fait pour augmenter ces facilités et ces garanties ?

Les frais d'achat d'engrais artificiels sont très-considérables ; ils s'élèvent jusqu'à 100 francs l'hectare.

Les engrais naturels des grandes villes sont d'un emploi peu rémunérateur depuis la hausse du prix de la main-d'œuvre ; la qualité des engrais commerciaux a diminué en raison directe de l'augmentation du prix de vente, qui a excité l'avidité et suscité les tromperies les plus audacieuses.

L'agriculture attend avec impatience, relativement au commerce des engrais artificiels, une loi spéciale qui garantirait la qualité de la marchandise achetée.

46. A quelles dépenses l'agriculture de la contrée a-t-elle à faire face pour le chaulage , le marnage ou autres amendements des terres , et quelles difficultés peuvent s'opposer à ce qu'on se procure les matières les plus propres à améliorer la qualité du sol et à augmenter sa force de production ?

On ne marne pas, mais on chaule quelquefois, dans l'arrondissement de Lille.

Les frais de chaulage, peuvent être évalués à 15 francs à l'hectare annuellement.

La seule cause qui empêche ces améliorations de se répandre davantage c'est toujours le manque de capital

§ 8. *Autres charges de la culture.*

47. Quels sont les frais accessoires que supporte la culture pour la construction et l'entretien des bâtiments ruraux et leur assurance contre l'incendie ? Comment ces frais se répartissent-ils entre les propriétaires des biens ruraux et ceux qui les exploitent ?

Elle a la charge de l'entretien et de l'assurance; la construction est exclusivement à la charge du propriétaire.

48. Quelles sont les charges qu'imposent aux cultivateurs l'assurance de leurs récoltes contre l'incendie ou la grêle et l'assurance contre la mortalité des bestiaux ?

On n'assure généralement pas les récoltes contre les chances d'incendie ni de grêle.

Les tabacs seulement sont assurés.

Ce n'est que par exception que l'on a recours à l'assurance contre la mortalité des bestiaux.

49. Quels sont les frais d'achat et d'entretien du matériel agricole ?

12 à 15 p. % du capital employé dans une affaire agricole sont nécessaires aux frais d'achat du matériel. (Outils et animaux).

L'entretien de ce matériel coûte environ 50 francs à l'hectare.

50. Quelles sont les autres charges qui incombent à l'agriculture ?

L'impôt foncier.

Les droits d'enregistrement. — Dans toute l'exagération qu'ils comportent, y compris les honoraires aux officiers ministériels.

Les droits de mutation,

Les droits sur les sucres,

Les droits sur les alcools,

Les droits sur la bière,

Les droits sur le sel,

Les droits sur le vin,

Le monopole des tabacs,

Les licences,

Les patentes,

Les prestations en nature,

Les subventions industrielles,

Les taxes et surtaxes,

Les décimes et doubles décimes,

Les centimes additionnels, dont les villes s'exonèrent au détriment des campagnes, par des taxes spéciales et par les octrois dont le produit est employé en appas aux dépenses, en embellissements de luxe et forment la prime à la dépopulation des campagnes.

Et, comme complément, il incombe encore à l'agriculture la nécessité de pourvoir à l'alimentation des masses ouvrières de l'industrie, mises sur le pavé, quand les ressources du travail font défaut à la manufacture.

II. — Conditions spéciales de la Production agricole.

§ 9. *Procédés de Culture. — Assolements.*

51. Quelles sont aujourd'hui , pour la grande , la moyenne et la petite culture , les diverses modes d'assolement , et particulièrement ceux qui sont le plus fréquemmemt suivis ?

La culture est industrielle et triennale.
L'assolement est ainsi réglé :
1.° Plantes industrielles ou économiques.
2.° Céréales alimentaires.
3.° Fourrages.

52. Quelles modifications ont été apportées, sous ce rapport, à l'ancien état de choses ?

Dans l'assolement nouveau , la jachère morte a été remplacée par la culture des plantes industrielles.

53. Quelle est l'étendue des terres affectées à chaque culture ? La proportion qui existe entre les différentes cultures est-elle motivée par la nature du sol et par la qualité des terres , ou est-elle déterminée par les facilités qu'offrent le placement de

certains produits ? Doit-elle être considérée comme étant la plus profitable aux producteurs , et si elle n'est pas ce qu'elle devrait être , quelles sont les circonstances qui mettent obstacle à ce qu'elle soit modifiée ?

La culture divisée par tiers est motivée par les besoins du marché, la nature du sol et l'état des voies de communication.

La culture industrielle de la betterave est la plus profitable ; mais cette culture a contre elle les préjugés de l'ignorance, car il n'y a que l'ignorance qui nie les bienfaits que la culture de la betterave pourrait répandre si elle était plus généralisée.

La betterave renferme l'avenir de l'agriculture nationale, espérons qu'on reconnaîtra qu'il faut exonérer de l'impôt cette plante providentielle si l'on veut résoudre le problème de la vie à bon marché et assurer la prospérité agricole.

Hors de là, il n'y a que confusion et erreur avec l'état actuel de la science agricole.

54. Quels ont été , depuis un certain nombre d'années , en remontant à trente au moins , les progrès accomplis et les améliorations réalisées dans la culture du sol ?

Les rendements des céréales ont augmenté considérablement par l'effet de la culture industrielle et toutes les améliorations qu'elle comporte :

Perfectionnement des instruments aratoires,
Labours profonds,
Fumures copieuses,
Semis en lignes,
Sarclages et binages,
Empierrement des chemins,
Drainage, etc.

55. Dans quelle mesure les diverses procédés agricoles se sont-ils perfectionnés ?

Dans la mesure la plus étendue et selon tous les enseignements de la science moderne.

§ 10. *Défrichements.*

56. Quelle a été l'importance des travaux de défrichement opérés dans la contrée , et quel en a été le résultat ?

Il n'y a pas eu de défrichements proprement dits : la mise en valeur de quelques terrains boisés, incultes ou marécageux est due à la culture de la betterave.

57. Quelle est l'étendue des landes et autres terres in-cultes ?

Il n'y a ni landes ni terres incultes dans l'arrondissement.

58. Quelles sont les causes qui se sont opposées , jusqu'à présent , à ce qu'elles aient été mises en valeur ?

Tous les terrains sont mis en valeur , sauf les terrains bâtis, ceux recouverts par les eaux ou affectés au service public.

§ 11. *Desséchements.*

59. Quelle a été l'étendue des désséchements opérés dans la contrée , depuis les trente dernières années, et quel en a été le résultat ?

On a essayé le desséchement de surfaces considérables ; ces tentatives n'ont été fructueuses que pour les opérations entreprises par les particuliers.

60. Quel obstacle la législation pourrait-elle opposer à ce qu'ils prissent plus de développement ?

Les frais considérables d'études préliminaires et les formalités imposées par la loi .

§ 12. *Drainage.*

61. Quelle est , dans la contrée , l'étendue des terres auxquelles le drainage pourrait être utilement appliqué ?

La plupart des terres seraient utilement drainées.

62. Quel a été , jusqu'à présent , le développement donné à cette pratique agricole ? Quels en ont été les résultats ?

Le drainage n'a été pratiqué que par exception , vu l'état de division de la propriété et celui d'enclavement des parcelles du sol arable.

Les résultats du drainage ont été favorables toutes les fois que l'opération a été pratiquée convenablement.

63. Quelles sont les circonstances qui ont pu s'opposer à ce qu'elle prît plus d'extension.

Les difficultés ci-dessus signalées, la succession de plusieurs années de sécheresse et la courte durée des baux comparativement au prix de l'opération.

§ 13. *Irrigations.*

64. Quel est l'état des irrigations dans la contrée ? Sont-elles naturelles ou artificielles ?

On irrigue par submersion 1,664 hectares de prairies sur les bords de la Lys.

65. Les irrigations naturelles par débordements ont-elles diminué ou augmenté ?

Elles ont considérablement diminué.

66. Quels sont les obstacles qui ont pu s'opposer à l'extension de la pratique des irrigations dans les terres où elle serait utile?

Le climat a empêché l'irrigation proprement dite de prendre de l'extension, et ce qui tend à réduire la pratique de l'irrigation par submersion, c'est l'abaissement général du niveau des eaux dans la contrée asséchée par l'alimentation des machines à vapeur

67. Quelle influence favorable ou contraire le régime actuel des eaux peut-il exercer sur le progrès des irrigations ?

Aucune.

§ 14. *Prairies et Cultures Fourragères.*

68. Quelle est, dans la contrée, l'étendue relative des prairies naturelles ?

L'étendue totale des prairies naturelles est de 6,124 hectares; ce qui comprend le quatorzième environ de la surface arable.

69. Quel est le rendement moyen en fourrages des prairies naturelles ? Quel est le prix de vente de ces fourrages depuis dix ans ?

Le rendement total de l'arrondissement en foins et regains est de 249,747 quintaux, ou 36 quintaux 44 à l'hectare pour les prairies non irriguées, et 44 quintaux 50 pour les prairies irriguées.
Le prix du quintal de foin est de 6 francs 7 centimes.

70. Quelle est l'étendue relative des terres cultivées en prairies artificielles ?

Un quatorzième du sol arable comme pour la prairie naturelle.
Le total des prairies artificielles pour l'arrondissement de Lille est de 6,294 hectares.

71. Quels sont les frais de culture de ces prairies pour une étendue donnée en mesure locale et ramenée à l'hectare ?

Très-économique sous ce rapport.

Les frais de récolte et autres par hectare sont, d'après la statistique de :

    55 francs pour la prairie naturelle,
    80   »   pour la prairie artificielle.

72. Cultive-t-on dans la contrée d'autres plantes destinées à la nourriture des animaux , telles que choux , betteraves , navets , carottes , etc. ?

Quelle est l'étendue relative des terres employées à ces cultures ? Quels sont leur rendement moyen et les frais qui leur incombent ?

Non ; mais on cultive toutes ces plantes dans une faible proportion ; la pulpe de la betterave , les drèches de grains , les tourteaux , forment la base de l'alimentation du bétail.

73. A-t-il été donné depuis un certain nombre d'années un développement sensible aux cultures fourragères et dans quelle proportion ?

Ces cultures, onéreuses dans le pays , diminuent en raison des progrès de la culture industrielle.

74. Quel est le rendement moyen des terres cultivées en plantes fourragères des diverses espèces , trèfle , luzerne , sainfoin , betteraves , choux , etc., etc. ?

Le produit en foin, du trèfle, sainfoin, luzerne et mélanges four-
ragers divers est de 358,144 quintaux pour l'arrondissement de Lille.
La moyenne produite à l'hectare est de 57 quintaux 70.

75. Quel est le prix de vente de ces divers produits ?

Les foins artificiels ne sont pas destinés à la vente ; ils sont consommés à la ferme ; la betterave fourragère rend de 40 à 50 mille
kilogrammes à l'hectare, ce produit n'a pas de cote commerciale.

§ 15. *Animaux.*

76. Quels sont, pour les animaux de chaque sorte : chevaux, mulets, ânes, bœufs, vaches, veaux, moutons, porcs,
les frais de toute nature que le cultivateur a à supporter pour
dépenses d'achat, d'élevage, de nourriture, d'entretien,
d'engraissement, etc. ? A quels prix les animaux de chaque
espèce lui reviennent-ils et à quels prix se vendent-ils ?

On n'élève dans l'arrondissement de Lille ni mulets, ni anes, ni
bœufs ; l'élevage du cheval n'y est pratiqué que par exception ; l'engraissement des bêtes à cornes n'offre que le seul avantage de fournir le fumier de ferme, le meilleur des engrais, dans les conditions
les plus économiques.

77. Y a-t-il amélioration dans la quantité et la qualité des
animaux ? Quels changements se sont opérés à cet égard depuis trente ans, soit par le choix des races, soit par leur perfectionnement, soit par de meilleurs procédés d'élevage et
d'engraissement ?

Il est peu de localités où l'amélioration du bétail ait été moins sensible que dans l'arrondissement de Lille ; ce qui semble frappant vu l'état de progrès de l'agriculture locale et le voisinage des pays de Bergues, Cassel, Hazebrouck, la mère-patrie du type de l'espèce bovine de la race flamande. On ne peut s'expliquer ce fait qu'en constatant que l'arrondissement de Lille n'est pas un pays d'herbages, ni de cultures fourragères.

Néanmoins le bétail de choix est payé fort cher dans l'arrondissement de Lille.

78. Quelles facilités nouvelles l'extension des cultures fourragères, sur les points où elle a été constatée, a-t-elle procurées pour l'élevage du bétail et la production des engrais ?

Achète-t-on pour les animaux des aliments non fournis par l'exploitation ?

Les cultures fourragères sont impuissantes à pourvoir aux besoins de l'élevage et de l'entretien utile du bétail.

L'emploi de la pulpe de la betterave, du tourteau, des drèches, satisfait à ce défaut.

79. Existe-t-il un écart trop élevé entre le prix du bétail sur pied et celui de la viande au détail ? A quelles causes doit-on attribuer cet écart ?

Le détaillant jouit d'alternatives convenables de perte et de gain.

80. Quel parti les cultivateurs tirent-ils des autres produits provenant des animaux de la ferme, tels que les laines, le beurre, le lait, les fromages, etc. ?

La vente du lait est seule profitable aux abords des villes ; plus loin le cultivateur convertit le lait en beurre qu'il réalise sans profit ; la production de la laine est peu considérable et laisse toujours le producteur en perte.

81. Quelles ressources les cultivateurs trouvent-ils dans l'élevage de la volaille ?

Les comptes de l'élevage de la volaille donnent des bénéfices insignifiants.

§ 16. *Céréales.*

82. Quelle est, dans la contrée, l'étendue des terres cultivées en céréales des diverses espèces ?

En froment ?

En méteil ?

En seigle ?

En orge ?

En maïs ?

En sarrasin ?

En avoine ?

En Froment	24,442	hectares.
En Méteil	1,528	»
En Seigle	787	»
En Orge	496	»
En Maïs		»
En Sarrasin		»
En Avoine	6,360	»

On ne fait pas de méteil dans l'arrondissement, notre méteil, c'est le blé désigné aux mercuriales sous le nom de MACAU. (Mélange de blé blanc et de blé roux).

83. Quels sont , pour chacune de ces céréales , les frais de culture d'un hectare de terre , ou de la mesure employée dans la localité et dont le rapport avec l'hectare sera indiqué ?

Salaires, labourage , hersage , ensemencement, moisson , etc .

```
Pour le Froment     158 francs.
      Seigle        109    »
      Orge          148    »
      Avoine        140    »
```

84. Quel est le détail de ces différents frais :
Pour les labours ?
Pour le hersage ?
Pour le roulage ?
Pour le coût des semences ?
Pour les façons d'entretien ?
Pour la moisson ?
Pour la rentrée des grains ?
Pour le battage , nettoyage , etc.

Voir pour le détail de ces différents frais le tableau ci-après , page 32.

85. Quel est le rendement par hectare pour chacune de ces espèces de céréales depuis dix ans ?

```
Blé      25 hectolitres 70     Paille  31 quintaux 80
  Seigle 25     »        32             34    »     12
  Orge   43     »        98             17    »     53
  Avoine 58     »        40             29    »     32
```

Nature des Récoltes.	Labourage	Plantations Semailles Semences	Engrais	Sarclage et Entretien	Moisson	Battage	Transport et vente à la ville ou à l'usine	Fermage et Impôts	Frais généraux et Imprévus	Totaux	Observations
Froment	66 fr.	50 fr.	138 f.	20 fr.	60 fr.	37 fr.	30 fr.	165 f.	75 fr.	641 f.	(*) L'impôt se trouve augmenté par la subvention industrielle retenue à un pour cent du prix de la betterave livrée au fabricant.
Seigle	60 »	32 »	» »	9 »	60 »	32 »	25 »	165 »	60 »	443 »	
Avoine. . . .	66 »	33 »	110 »	15 »	60 »	30 »	75 »	165 »	70 »	624 »	(**) Dans l'imprévu on a fait figurer un quart de tous les frais préparatoires, attendu que la récolte manque une année sur quatre, en moyenne, et que lesdits frais sont irrécouvrables.
Pommes de terre	73 »	140 »	260 »	35 »	80 »	» »	70 »	165 »	85 »	908 »	
Betteraves . .	83 »	28 »	350 »	50 »	55 »	» »	85 »	(*) 175 »	85 »	911 »	
Colza	70 »	83 »	195 »	18 »	45 »	23 »	25 »	165 »	(**) 98 »	722 »	

86. La production des céréales de chaque espèce a-t-elle augmenté dans une proportion sensible depuis trente ans ? S'il y a eu augmentation , à quelles causes doit-elle être particulièrement attribuée ? L'importation d'espèces nouvelles de céréales donnant un rendement plus considérable a-t-elle contribué dans une mesure un peu importante aux progrès de la production ?

La production a sensiblement augmenté; cette augmentation est due à la culture de la betterave et à l'importation des blés d'origine anglaise.

87. Quels ont été les prix de vente des diverses espèces de céréales et les variations que ces prix ont pu subir depuis dix ans ?

MOYENNÉ DE L'HECTOLITRE

Prix du Blé	20 à 23 fr.	Prix du quintal de paille	3 fr. 89
Seigle	12 à 14 fr.	»	4 fr. 27
Orge	11 à 14 fr.	»	3 fr. 15
Avoine	6 à 10 fr.	»	2 fr. 78

Ces prix sont restés stationnaires au milieu du mouvement de hausse générale ; c'est là une des causes des souffrances de l'agriculture.

88. L'emploi des épargnes du cultivateur à la formation de petites réserves de grains est-il aussi fréquent que par le passé ?

Sauf de rares exceptions le cultivateur ne fait plus de réserves ; ses calculs et les probabilités sont renversés par les moyens rapides de la locomotion et l'effet de la législation ; d'autre part ses besoins pressants lui commandent le plus souvent la vente immédiate de ses produits.

89. La qualité des différentes sortes de céréales s'est-elle améliorée par suite d'une culture plus soignée ? Le poids d'une mesure déterminée de grains de chaque espèce s'est-il accru depuis trente ans , et dans quelles proportions ?

La culture de la betterave a réalisé l'amélioration de la qualité des grains ; elle a particulièrement donné des blés ayant 2 à 3 p. %. de poids en plus.

90. Quel parti les cultivateurs tirent-ils de leurs pailles ? Quelle est la portion qu'ils utilisent dans leur exploitation et celle qu'ils peuvent livrer à la vente ?

Toute la paille est employée à la confection des fumiers ; sauf dans le voisinage des villes dont les boues et immondices, les vidanges, remplacent le fumier de ferme.

§ 17. *Cultures alimentaires autres que les céréales*

proprement dites.

91. Quelle est , dans la contrée , l'étendue des terres cultivées en plantes alimentaires autres que les céréales proprement dites ?
En pommes de terre ?
En légumes secs ?
En légumes frais ?

En pommes de terre 2,407 hectares d'après la statistique.
En légumes secs   3,498   »
En légumes frais   1,826   »

92. Quels sont , pour chacun de ces produits , les frais de culture d'un hectare ou d'une mesure de terre déterminée et ramenée à l'hectare ?

Quel est le détail des différents frais pour chaque nature de produits ?

Voir pour cette réponse le tableau de la page 32.

93. Quel est le rendement de chaque produit ? Quelles sont les variations que ce rendement a pu éprouver depuis dix ans ?

Pommes de terre   200 hectolitres.
Légumes secs   25 hect. 83.
Légumes frais   251 quintaux 81.

Le rendement de la Pomme de terre a considérablement varié selon l'influence de la maladie de ce tubercule.

94. Quels sont les prix de vente de chaque produit et les changements que ces prix ont pu subir aussi depuis dix ans ?

Pommes de terre   5 fr. 74 l'hectolitre ,
Légumes secs   20 à 23 fr.   »
Légumes frais   Le prix s'en est accrû considérablement.

Les prix de la pomme de terre ont été en hausse sensible pendant la période de la maladie ; une baisse considérable s'est produite dans les temps où la maladie a cessé de sévir.

Ces prix ont varié entre 2 fr. 50 et 10 francs.

95. Leur production a-t-elle varié d'importance , et pour quelles causes ?

La production de la pomme de terre a diminué à cause de la maladie ;
La culture des légumes secs est restée stationnaire ;
La production des légumes frais tend à augmenter par suite de la hausse du prix de cette denrée.

§ 18. *Cultures industrielles.*

96. Quelle est l'étendue des terrains cultivés en plantes industrielles de toute nature ?

En betteraves ?

En graines oléagineuses , colza , navette, œillette , cameline et autres ?

En plantes textiles , chanvre , lin , etc.?

En tabac ?

En houblon ?

En plantes tinctoriales , garance , safran , etc. ?

En betteraves — 5,981 hectares.
En graines oléagineuses , colza , navette , œillette, cameline et autres. — 6,265 »
En plantes textiles , chanvre, lin , etc. — 3,070 »
En tabac
En houblon
En plantes tinctoriales, garance, safran, etc. } 950 hectares.
Et diverses

97. Quels sont , pour chacun de ces produits , les frais de culture par hectare ou par mesure locale ramenée à l'hectare?

Quel est le détail des différents frais pour chaque nature de produits ?

Betterave.   233 francs à l'hectare.

Colza.

Navette   }   186 francs à l'hectare.

Œillette

Diverses   441 francs à l'hectare.

Ces chiffres extraits de la statistique ne s'appliquent qu'à la main-d'œuvre.

Voir aussi le tableau de la page 32.

98. Quel est le rendement de chaque produit et les variations que ce rendement a pu éprouver depuis dix ans ?

Betterave   410 quintaux 78 à l'hectare.

Colza

Œillette   } 19 hectolitres 18 litres à l'hectare.

Navette

Lin   4 hectolitres 88 litres de graine et 5 quintaux 94 de filasse à l'hectare.

Tabac   2,500 quintaux à l'hectare.

Le rendement de la betterave diminue notablement et ce n'est qu'en forçant d'engrais qu'on peut maintenir fructueusement cette culture.

99. La production de chacune de ces cultures industrielles s'est-elle développée ou s'est-elle amoindrie ? A quelles causes doit-on attribuer l'augmentation ou la diminution ?

La culture de la plante industrielle par excellence, la betterave, aurait fait disparaître les autres sans l'avilissement du prix des sucres et des alcools.

100. Quels sont les prix de vente de chaque produit et les variations que ces prix ont pu subir depuis dix ans ?

Le prix de la betterave a cessé d'être rémunérateur ; la culture du lin a repris de l'extension en raison de la faveur dont jouissent les textiles par suite de la rareté momentanée du coton.

§ 19. *Sucres indigènes et Alcools.*

101. Quelle est l'importance de la fabrication **des sucres** indigènes dans la contrée ?

Elle est considérable et elle devrait l'être davantage en vue du progrès agricole et du bien-être social.

102. La production des alcools y joue-t-elle un rôle considérable ?

La production des alcools de betterave est par excellence l'agent du progrès de l'agriculture ; c'est la réalisation du problème de la vie à bon marché ; malheureusement cette industrie n'a pas pris tout le développement désirable ; ses débuts ont été cruellement éprouvés par le retrait de la loi sur le vinage et les changements des lois douanières.

Il est à remarquer que ce produit, dont le prix est de 50 francs, paie 100 francs de droit au minimum et que ce droit s'élève à 137 fr. dans les grands centres de consommation tels que Lille et Paris.

103. Quels ont été les progrès réalisés dans ces deux industries ?

Les progrès réalisés ont été ceux enseignés par l'état de la science, néanmoins l'industrie de la distillation est à la veille de succomber malgré tous les perfectionnements dont elle a été l'objet.

§ 20. *Vignes.*

104. Quelle est , dans la contrée , l'étendue des terres cultivées en vignes ?

La culture de la vigne y a-t-elle reçu de l'extension depuis dix ans ?

La vigne ne donne pas de produits agricoles dans l'arrondissement.

105. Quelles sont les modifications qui ont pu être apportées depuis trente ans à cette culture ?

Quelles sont les causes de ces modifications ?

106. Quelles sont les principales espèces cultivées et quelle est la nature et la qualité des vins récoltés ?

107. Des progrès ont-ils été réalisés , soit par un meilleur choix des cépages , soit par des améliorations introduites dans les procédés de culture ?

108. Les procédés de fabrication des vins se sont-ils améliorés ?

109. Quels sont les frais de culture des terres plantées en vignes , soit par hectare , soit par mesure locale dont le rapport avec l'hectare serait indiqué ?

Quel est le détail des divers travaux que nécessite la culture de la vigne et des frais auxquels donne lieu chacun de ces travaux ?

110 Quel est le rendement par hectare ou par mesure locale des terres plantées en vignes et quelles sont les variations que ce rendement a éprouvées depuis dix ans?

111. Quels sont les prix de vente des vins et quels change_ments ont-ils subis depuis dix ans?

Le placement des vins des diverses qualités est-il plus ou moins facile que par le passé ?

Le vinage des vins — la boisson essentiellement française — aurait largement répandu l'usage du vin dans le nord où la consommation aurait offert un débouché considérable à la production vinicole.

§ 21. *Culture des arbres à fruits.*

112. Quel est l'importance de la culture des pommiers et des poiriers à cidre ?

Ils ne sont pas cultivés.

113. A quels frais donnent lieu cette culture dans une exploitation d'une étendue déterminée et quels profits en tire le cultivateur ?

114. Quelle est l'importance des plantations d'oliviers , de noyers , d'amandiers , etc.

115. Quels sont les frais , quel est le rendement de ces cultures dans une exploitation d'une étendue déterminée?
Quels sont les prix de vente des produits ?

116. Quelle est l'importance de la culture des fruits destinés à l'alimentation et qui sont consommés frais ou conservés ?

117. Quels sont les frais de culture et le rendement , pour une exploitation d'une étendue donnée , des pruniers , abricotiers , pêchers , cerisiers , poiriers , pommiers , etc.?

118. Quels sont les prix de vente des produits qui en proviennent et quelles modifications favorables à l'agriculture ont eu lieu depuis un certain nombre d'années dans la manière de tirer parti de ces divers produits ?

§ 22. *Sériciculture.*

119. Dans les pays adonnés à la sériciculture , quelles sont actuellement les conditions de la culture des mûriers et de l'éducation des vers à soie ?

On n'en élève pas.

120. Quelles différences existent , à cet égard , entre l'ancien état de choses et la situation actuelle ?

121. Quelle est la diminution de revenu causée dans la contrée par la maladie des vers à soie ?

122. Quelles réductions ont eu lieu, pour cette cause, dans le nombre et dans l'importance des établissements spécialement affectés à l'éducation des vers à soie ou annexés aux exploitations rurales ?

§ 23. *Proportion des cultures et des produits cultivés.*

123. Quelle est , dans la contrée , la proportion des recettes brutes en argent que donne chacun des produits ci-dessus énumérés ?

124. Quelle est cette proportion pour une exploitation prise comme type ordinaire du pays?

III. — Circulation et Placement des produits agricoles. — Débouchés.

125. Quelles facilités et quels obstacles rencontrent l'écoulement et le placement des produits agricoles de la contrée, leur circulation et leur transport ?

Ne rencontrant aucun obstacle à l'entrée , ne subissant nul frais de circulation sur nos voies de communication, les produits étrangers jouissent de tous avantages sans concourir aux charges qui grèvent les produits indigènes.

Le libre placement des produits indigènes est en outre contrarié par diverses causes :

Les prix trop élevés des tarifs des chemins de fer ;

Les droits perçus sur les voies navigables ;

L'état défectueux du canal de Dunkerque à Lille et Paris ;

L'imperfection des chaussées sur une grande partie des chemins de débouché ;

Le nombre important des centres d'agglomération situés en dehors des communes qui sont encore mal desservis.

126. Quels sont les débouchés qui leur sont déjà ouverts et ceux qu'il serait possible de leur ouvrir encore ?

Comme considération générale, nous dirons en répondant à cette question, que l'industrie vinicole offrirait un débouché précieux aux produits du Nord sans les entraves de la législation, comme les produits du Midi trouveraient dans le Nord un marché favorable, sans ces mêmes entraves ; ces échanges conduiraient à l'heureuse alliance de la vigne et de la betterave.

Nous envoyons nos toiles au Midi : nous en recevons des soieries : ces produits inaltérables n'ont pas à souffrir du voyage ; nous demandons à envoyer, sous forme d'alcool, le sauf-conduit des vins du midi, qui par le vinage, produira le trait-d'union entre la betterave et la vigne.

Nous devons surtout signaler, dans l'exécution des traités internationaux, les primes à l'exportation déguisées de diverses manières et dont nous sommes victimes.

127. Quels progrès la viabilité y a-t-elle faits depuis un certain nombre d'années, en remontant à 30 ans au moins ?

La viabilité a fait depuis trente ans d'immenses progrès.

On a créé un vaste réseau de chemins de fer qui dessert toutes les sous-préfectures et presque tous les chefs-lieux de canton.

Les voies navigables ont toutes été considérablement améliorées et le réseau des routes départementales a été complété.

Les chemins vicinaux ont surtout participé à ces progrès. Avant la

Nature des Voies de Communication	Etendue des Voies de Communication				Dépenses faites depuis 30 ans		OBSERVATIONS
	Actuelles	Créés depuis 30 ans	Par Myriamètre carré	Par 10,000 habitants	Pour entretien	Pour Amélioration et Construction	
	K.	K.	K.	K.			
1.° Chemins de Fer . . .	522,525	522,525	9,19	4,01	inconnu	145,330,000	Compris les lignes en voie d'exécution.
2.° Routes Impériales . .	588,564	»	10,31	4,51	12,686,473	3,589,217	
3.° Voies Navigables. . .	492,000	»	8,66	3,77	17,653,856	24,182,731	
4.° Routes Départementales	512,729	249,000	9,02	3,93	7,050,621	5,573,497	
5.° Chemins Vicinaux de grande communication.	854,000	854,000	15,03	6,55	8,386,798	13,372,985	
6.° Chemins Vicinaux ordinaires.	6,612,000	1,915,000	116,50	50,72	inconnu	60,000,000	
7.° Chemins Ruraux et d'exploitation	inconnu	inconnu	inconnu	inconnu	»	inconnu	
	9,581,818	3,540,525	168,71	73,51	45,777,748	252,048,430	
						297,826,178 francs.	

promulgation de la Loi de 1836, c'est à peine si quelques traverses étaient munies de chaussées. Partout ailleurs les chemins étaient à peu près à l'état naturel et leur entretien était fait sans règle et sans méthode. Depuis lors, on a d'abord ouvert un vaste réseau de chemins de grande communication dont la viabilité est généralement satisfaisante à toutes les époques de l'année. On a ensuite complété ce réseau, d'abord au moyen des chemins de débouché qui les relient à toutes les communes, puis à l'aide de chemins d'intérêt commun qui s'étendent aujourd'hui sur toute l'étendue du département.

En un mot, il y a trente ans les cultivateurs et les industriels éprouvaient les plus grandes difficultés pour transporter leurs produits et subissaient ainsi des pertes incalculables : aujourd'hui, au contraire, ils rencontrent partout des voies dans un état de viabilité assez satisfaisant pour que la circulation soit exempte d'entraves et de dangers, facile même et que les frais se trouvent presque réduits à un minimum.

128. Quelle a été l'étendue des voies de communication nouvellement créées et l'importance des améliorations apportées à celles qui existaient ?

Voir pour la réponse à cette question, le tableau ci-contre, page 44.

129. Quelles ont été les lignes de chemins de fer construites et mises en exploitation ?

Voir pour les lignes de chemins de fer, construites et mises en exploitations, le tableau ci-après, page 46.

130. Quels travaux, pour la création de voies nouvelles

Désignation des Compagnies	LONGUEURS			MONTANT des dépenses faites au 31 décembre 1865	OBSERVATIONS
	Exploitées	En construction	Ensemble		
	MÈTRES (P)	MÈTRES (Q)	MÈTRES		
Nord	339,394	71,000	410,394	141,300,000	(P) Paris à la Frontière par Lille et raccordement 47,370
Valenciennes à Lille.	»	41,000	41,000	»	Douai à la Frontière par Valenciennes et raccordement . . 47,810
La Bassée à Lille. .	»	26,000	26,000	»	Lille à Calais . . . 58,337
Dunkerque à Furnes	»	13,564	13,564	»	Hazebrouck à Dunkerque. 39,148
Anzin à Somain . .	18,567	»	18,567	2,600,000	Creil à Erquelines. . 60,679
Armentières à Ostende .	»	2,000	2,000	»	Hautmont à la Front.e 11,409
					Busigny à Somain. . 48,743
Mines d'Aniches . .	4,000	»	4,000	400,000	Arras à Hazebrouck . 11,211
					Embranch. de Lens . 2,015
Usine de Ferrières .	3,000	»	3,000	550,000	Lille à Tournai. . . 12,672
Forges de Denain .	4,000	»	4,000	480,000	(Q) Valenciennes à Hachette 30,000
					Soissons à la Frontière 6,000
Totaux. . .	368,961	153,564	522,525	145,330,000	Hachette à Anor . . 35,000

Accolade Observations (P) = 339,394 ; (Q) = 71,000

ou l'amélioration des voies existantes , ont été faits en ce qui concerne les routes impériales ?

Aucune route impériale nouvelle n'a été ouverte depuis trente ans. Quelques parties seulement, en petit nombre, et d'une très-faible longueur ont été rectifiées pour ramener leur déclivité à 0 m. 05 c. au plus par mètre. Mais des améliorations de détail ont été obtenues en grand nombre ; le bombement exagéré et dangereux des chaussées a été réduit ; des zônes empierrées établies contre leurs bordures ont augmenté leur largeur, et les ont consolidées en même temps qu'elles ont diminué la formation des bords. Les traverses ont été assainies et régularisées au moyen de trottoirs qui ont permis de régulariser l'écoulement des eaux et qui répondent à un besoin, longtemps méconnu, celui des piétons ; d'anciennes chaussées établies dans le principe sur de trop faibles dimensions ont été remaniées ou reconstruites.

Les dépenses consacrées à ces travaux depuis trente ans s'élèvent à la somme de 16,275,690 francs dont 12,686,473 fr. pour l'entretien.

Toutefois, malgré l'uni de leur surface et la régularité de leur profil, les chaussées dépérissent rapidement, parce que la dotation de leur entretien est insuffisante. Mais cet effet n'atteint pas encore les transports ; il est latent et appelle l'attention la plus sérieuse du Gouvernement.

Les routes impériales réclament en outre l'amélioration de leurs passages dans la traversée des fortifications des places fortes où elles se trouvent dans l'état le plus barbare et le plus déplorable.

131. Mêmes questions pour les routes départementales.

Le nombre des routes départementales est de 25, présentant ensemble une longueur de 513 kilomètres. Quatorze de ces routes, ayant ensemble une longueur de 249 kilomètres ont été classées ou construites depuis trente ans. Le réseau général établi dans l'origine sur des dimensions que les besoins de la circulation ont rendu insuffisantes, a exigé pendant cette période de trente années de nombreux travaux de consolidation. La dépense totale consacrée à ces travaux , ainsi qu'à ceux de construction et d'entretien, s'élève depuis trente ans à la somme de 12,624,000 francs, dont 7,051,000 francs pour l'entretien et 5,573,000 francs pour travaux neufs et de grosses réparations.

Pour amener tout le réseau, qui procure du reste une bonne viabilité, à l'état normal d'entretien, il reste à faire une dépense de 1,200,000 francs qui a été approuvée en principe par le Conseil général, et qui se poursuit au moyen d'allocations spéciales s'élevant en moyenne à 150,000 francs par an.

132. Mêmes questions pour les chemins de grande communication.

Le nombre des chemins vicinaux de grande communication est de 71, présentant ensemble une longueur de 854 kilomètres. Tous ces chemins ont été classés ou construits depuis trente ans ; ils n'existaient, antérieurement à cette époque, que sur 233 kilomètres et les chaussées de cette dernière partie du réseau ont du être reconstruites parce que l'on n'avait tenu aucun compte dans leur premier établissement des exigences futures de la circulation par suite de l'accroissement des transports.

La dépense totale consacrée au service de la grande vicinalité depuis trente ans, en y comprenant les contingents communaux, les subventions industrielles et le subside départemental, s'est élevé à la somme de 21,759,783 francs.

L'ensemble du réseau procure une viabilité satisfaisante, mais pour l'amener à un état normal d'entretien, il reste à faire une dépense de 2,460,000 francs qui a été admise en principe par le Conseil général et qui se poursuit au moyen d'allocations annuelles de 450,000 francs en moyenne.

133. Mêmes questions pour les chemins vicinaux.

L'ensemble des chemins vicinaux ordinaires présente une longueur totale de 6,612 kilomètres.

Savoir :   Chemins d'intérêt commun   636 kilomètres.
         Chemins vicinaux ordinaires   5,860   id.
Chemins entretenus par des associations syndicales   116   id.

Sur cette étendue, le développement des chemins à l'état d'entretien n'est que de 2,746 kilomètres.

La longueur de ces chemins qui, pendant les trente dernières années, ont été amenés à ce dernier état par la construction de chaussées établies suivant les règles de l'art, est de 1,915 kilomètres, dont 400 kilomètres comme chemins d'intérêt commun et 1,515 comme chemins vicinaux ordinaires.

Indépendamment de ces travaux, il en a été exécuté sur la presque totalité de l'ancien réseau, pour remanier et consolider les chaussées, perfectionner le profil transversal, faciliter, assurer même l'écoulement des eaux et élargir la voie.

La dépense consacrée à cet ensemble de travaux atteint au moins 60,000,000 de francs.

134. Mêmes questions pour les chemins ruraux et d'exploitation.

Dans l'état actuel de la législation, l'amélioration des chemins ruraux n'est pas une charge obligatoire et il est rare que l'on puisse y affecter des ressources communales. Les travaux qui s'exécutent sur les chemins de cette catégorie, le sont ordinairement avec le produit de souscriptions volontaires en argent ou en nature ; ils ont lieu sous la direction tantôt d'architectes communaux, tantôt d'agents-voyers et le plus souvent, des maires et des particuliers intéressés. Nous n'avons pu nous procurer aucun document statistique sur cette partie du réseau des voies de communications qui ne rentrent dans les attributions d'aucun service central ou spécial.

135. Mêmes questions pour les fleuves, rivières et canaux.

Les lignes navigables situées dans le département du Nord présentent un développement de 492 kilomètres.

Leur ouverture remonte à plus de trente ans, mais pendant cette période, elles ont toutes reçu des améliorations immenses. La plupart ont passé d'un état presque barbare à un état voisin de la perfection. L'exception n'existe d'une manière très-préjudiciable à l'agriculture et à l'industrie que sur la ligne de Paris à Dunkerque, depuis Saint-Omer jusqu'à cette dernière ville et sur la ligne de Dunkerque à Furnes.

Les ouvrages d'art ont été amenés à un état normal d'entretien, les courbes trop sinueuses ont été rectifiées, les chemins de halage ont été empierrés, tous les passages difficiles ont été améliorés, l'alimentation a été complétée de manière à n'avoir rien à redouter des plus longues sécheresses, le tirant d'eau a été porté à deux mètres sur les lignes principales et l'amélioration se poursuit sur les autres; la marche de nuit a été organisée; toutes les concessions, celle de la Scarpe inférieure exceptée, ont été rachetées. Les droits ont été sensiblement réduits.

Les améliorations les plus urgentes qui restent à poursuivre comprennent : 1.° en ce qui touche l'état matériel : le perfectionnement de la ligne de Paris à Dunkerque, entre Saint-Omer et Dunkerque, l'élévation du tirant d'eau à deux mètres au passage de l'écluse de Don, le rachat des concessions de la Scarpe inférieure et du canal de Furnes et le perfectionnement de la Lys : 2.° en ce qui touche l'exploitation : la suppression, ou tout au moins la réduction et l'uniformité des droits de navigation, l'organisation du halage et le perfectionnement des moyens de traction.

Les dépenses faites sur les voies navigables tant pour leur amélioration et leur entretien que pour le rachat des concessions de la Sensée et de l'écluse d'Ivuy, se sont élevées depuis trente ans à la somme de 41,837,000 francs.

136. Quelle est la direction donnée aux divers produits agricoles de la contrée et quelles variations cette direction a-t-elle éprouvées depuis trente ans ?

Les produits agricoles tendent à prendre une direction nouvelle vers la Belgique et l'Angleterre.

137. La facilité et la rapidité plus grandes des communications ont-elles, depuis un certain nombre d'années, donné de l'extension aux expéditions des produits agricoles à des distances éloignées ?

Les expéditions des produits agricoles à des distances éloignées ont incontestablement reçu une extension considérable de la facilité et de la rapidité plus grandes des communications. Le Nord, la Picardie, la Champagne, la Lorraine, l'Alsace etc., exportent une quantité plus grande de leurs blés en Angleterre et en Belgique ; les betteraves des départements voisins viennent alimenter les fabriques de sucre du Nord et ses distilleries ; il en est de même des graines oléagineuses, du lin et de tous les produits de la culture industrielle.

138. Quels sont ceux de ces produits qui ont plus particulièrement pris part à ce mouvement?

Les produits expédiés aux plus grandes distances sont les blés, les graines oléagineuses, les engrais, les betteraves, le lin et les autres produits de la culture industrielle.

139. Quels progrès serait-il possible de réaliser encore à cet égard ?

Sur les chemins de fer, la réduction des tarifs ;

Sur les voies navigables, la suppression des droits de navigation, mesure qui réagirait sur les tarifs des chemins de fer.

Les droits de navigation, tout faibles qu'ils paraissent, exercent une influence considérable sur le commerce général. Ils coûtent bien plus à l'Agriculture qu'ils ne rapportent à l'Etat, parce qu'ils font diminuer le prix de vente de l'ensemble de la récolte du pays et rendent plus difficile la lutte contre les produits de la Mer Noire sur les marchés d'Angleterre et de Belgique.

140. Quelle influence le perfectionnement des voies de communication a-t-il exercé sur le prix de revient des produits agricoles ?

Le perfectionnement des voies de communication a donné aux agriculteurs le moyen de se procurer les engrais plus facilement et à meilleur marché, de réduire leurs attelages ou de mieux employer leur force, de diminuer les frais d'entretien de leur matériel roulant, enfin de pouvoir transporter en tout temps leurs produits et de choisir d'après les cours des marchés, le moment le plus favorable pour leur vente.

Tous ces avantages, qui ont eu pour conséquence d'abaisser considérablement le prix de revient des produits agricoles, ont été neutralisés pour le fermier et le consommateur par l'augmentation progressive des fermages et du prix des terres.

141. La facilité des communications a-t-elle eu pour effet de niveler les prix et de faire disparaître les inégalités souvent considérables qui existaient à cet égard d'une contrée à une autre ? Ne serait-ce pas par ce motif que l'on peut expliquer que, dans certaines contrées où les récoltes ont mal réussi, les prix restent à un taux peu élevé, tandis qu'ils se maintiennent à un chiffre rémunérateur dans les pays où les récoltes ont été surabondantes ?

Par ces perfectionnements encore, les pays pauvres ont apporté leurs produits en concurrence aux produits des pays plus riches et ont contribué à empêcher le mouvement de hausse de se faire sentir sur les denrées agricoles comme sur les autres marchandises.

Ils ont contribué, d'un autre côté, au nivellement et à une meilleure répartition de la richesse publique ; mais ceci au détriment des provinces riches qui ont dû descendre un nombre d'échelons proportionnel à celui franchi par leurs rivaux.

La culture, par ce fait, a joui d'avantages dans les contrées les moins privilégiées et, au contraire, elle a éprouvé des souffrances et de la gêne dans les départements les plus avancés.

142. Quelle comparaison peut-on établir sous ce rapport entre l'ancien état de choses et la situation actuelle?

Autrefois on pouvait vivre en cultivant le blé, les plantes grasses ou textiles et les plantes fourragères ; aujourd'hui, pour faire face à la situation, il faut le levier de la culture de la betterave et les ressources qu'elle procure. C'est pourquoi nous demandons l'exonération d'impôts en faveur de cette plante QUI EST NOTRE PLANCHE DE SALUT.

143. Quels sont les frais de transport que les produits agricoles ont à supporter pour être dirigés des lieux de production sur les lieux de consommation?

Les frais de transport sont pour les céréales de 2 à 3 p. %. de leur valeur ;
Pour les pommes de terre et les betteraves ils sont de 15 à 20 p. %..

144. A combien s'élèvent ces frais sur les chemins de fer ? Quels sont les prix des tarifs et les autres dépenses accessoires ?

Ces tarifs portent 0,05 centimes par tonne kilométrique ;
Ils sont plus élevés pour les petites distances et moindres pour les parcours plus étendus Ce principe est contraire à l'intérêt agricole.
Il convient de signaler ici l'une des entraves les plus considérables à la libre circulation des produits agricoles sur les chemins de fer :

Ce sont les délais excessivement restreints accordés pour l'enlève-
ment des marchandises dans les gares de chemin de fer.

Cette condition est particulièrement préjudiciable aux transports de
la betterave et de la houille qui ne sont favorables que par exception
actuellement, vu les mesures de rigueur dont ils sont l'objet.

**145. Quelles sont les dépenses des transports par les
routes de terre ?**

Les prix de transport par terre varient suivant les saisons, surtout
suivant les directions et selon que les retours se font à charge ou à
vide. Ils ne descendent pas au-dessous de 0,15 centimes par tonne et
par kilomètre, et ne s'élèvent pas au-dessus de 0,40 centimes : on
peut les évaluer en moyenne à 0,20 centimes.

**146. Quels sont les frais de transport par les voies naviga-
bles ? Quelle peut être particulièrement l'nfluence exercée sur
les débouchés par les droits de navigation intérieure perçus
sur les fleuves, rivières et sur les canaux appartenant à
l'Etat ou exploités par voies de concession ?**

Les frais de transport par les voies navigables sont variables avec la
distance, la nature et l'importance des chargements et la régularité
des voyages.

On peut les évaluer en moyenne par tonne et par kilomètre :

1.° Pour les transports éloignés à   0,28 centimes.

2.° Pour les transports à courte distance 0,55   id.

Les droits sont compris dans ces frais, pour des quantités variables,
avec les lignes navigables. Ainsi de Dunkerque à Paris, sur un parcours de 43 myriamètres, ils changent jusqu'à onze fois pour une
même marchandise sans qu'on puisse se rendre compte de ces compli-
cations et de ces anomalies sur un réseau administré par l'Etat.

En ce qui touche les produits agricoles, ils représentent sur la ligne de Paris plus du quart des frais de transport. Il est difficile de concilier des droits aussi élevés avec les sacrifices considérables que l'Etat fait chaque année pour améliorer les voies navigables, c'est-à-dire pour y diminuer les frais de transport. Il semble que c'est enlever d'un côté les avantages que l'on veut assurer de l'autre, et cette contradiction est d'autant moins explicable que la réduction des droits réaliserait immédiatement à peu de frais et sur tout le réseau de l'Empire à la fois, une économie dans la dépense des transports que les améliorations matérielles ne permettent d'obtenir qu'à la longue, à très-grands frais, et sur quelques lignes seulement.

Comme nous l'avons dit à l'article 139, les droits de navigation exercent une influence considérable sur le commerce des céréales. Ils coûtent deux fois plus à l'agriculture qu'ils ne rapportent à l'Etat, parce qu'ils font diminuer le prix de vente de l'ensemble de la récolte du Pays et rendent plus difficile la lutte entre les produits similaires de la mer Noire sur les marchés de l'Angleterre et de la Belgique.

Pour amener la baisse du prix du blé sur le marché français on a exonéré les canaux de tous droits de 1853 à 1859; on a rétabli ces droits de 1861 au 30 septembre 1862; l'équité demande que si l'on ouvre les canaux à la libre circulation, contre les intérêts de l'agriculture, on les ouvre aussi en sa faveur.

D'un autre côté la batellerie qui rend au pays d'inappréciables services est dans une situation extrêmement critique; son existence ne semble plus qu'une agonie et son salut réside exclusivement dans la suppression ou tout au moins dans la réduction et l'uniformité des droits de navigation.

L'on ne saurait donc trop insister en faveur de ces mesures.

On consultera avec fruit sur ce point important le mémoire adressé en 1866 à Son Excellence le Ministre de l'Agriculture, du Commerce et des Travaux publics par M. Schotsmans, aîné, sur la question des céréales.

IV. — Législation. — Règlements.
Traité de Commerce.

147. Les grains importés de l'étranger sont-ils venus depuis quelques années faire concurrence aux grains indigènes sur les marchés de la contrée? Dans quelle mesure? Quels ont été les effets de cette concurrence ?

Nous avons importé en France en 1861 et 1862 d'assez grandes quantités de blé :

10,425,935 quintaux en 1861 ,
5,664,447 quintaux en 1862.

Ces quantités ont empêché le prix moyen de monter au-delà de 24 fr. 55 en 1861 et de 23 fr. 24 en 1862.

Depuis , nos prix se sont avilis ; ils ont été de :

19 francs 78 en 1863 ,
17 francs 58 en 1864 ,
16 francs 41 en 1865.

Les importations ont diminué proportionnellement à cette décroissance et elles ont été de nul effet pour l'avilissement des prix puisque le niveau des prix du blé étranger a été supérieur à celui de la France.

Les importations de la mer du Nord ont été nulles dans ces dernières années.

148. Quelle part la contrée a-t-elle prise au mouvement d'exportation des céréales françaises à destination de l'étranger? Si des expéditions de ce genre ont eu lieu, quel en a été l'effet ?

Le département du Nord prend une grande part aux exportations pour la Belgique et l'Angleterre ; l'effet de ses exportations a été de maintenir le niveau du prix du blé pendant les trois dernières années. On peut évaluer à un franc au moins à l'hectolitre la faveur produite par ces exportations sur les marchés du nord de la France.

149. Quels ont été les effets produits par la suppression de l'échelle mobile et quelle est l'influence de la législation qui régit aujourd'hui notre commerce d'importation et d'exportation des grains avec l'étranger depuis la loi du 15 juin 1861 ?

La suppression de l'échelle mobile est encore trop récente pour bien juger les résultats de la nouvelle législation ; il n'y a pas lieu de douter que sous ce régime nouveau nos rapports avec l'étranger prendront un essor rapide et que ces rapports corrigeront les écarts extrêmes du prix des céréales.

150. Quelle influence attribue-t-on aux opérations d'importations temporaires des blés étrangers pour la mouture et de réexportation de farines , et à l'application des règlements spéciaux relatifs à ces opérations , notamment en ce qui concerne les acquits-à-caution ?

Les acquits-à-caution ont été d'un grand secours à nos meuniers ; avec la prime qu'ils ont reçue, ils ont pu exporter leurs produits en Angleterre et en Belgique à un prix aussi élevé que celui établi dans ces deux pays.

L'agriculture du Nord a le plus grand intérêt au maintien des acquits-à-caution et à leur application aussi libérale que possible.

151. Quelle a été , dans la contrée , l'importance des quantités de blé étranger introduites pour la mouture ? Quelles ont été les quantités de farines exportées en représentation des blés étrangers admis pour la mouture? Quel effet ces opérations ont-elles pu avoir sur les grains ?

La quantité de blé entré pour la mouture dans les cinq années de 1861 à 1866 dans le département du Nord, est d'environ 150,000 quintaux et les exportations de 2,500,000 quintaux.

Ces opérations ont eu nécessairement pour effet d'augmenter le cours des grains en procurant aux minoteries du pays l'écoulement à l'étranger des farines issues de blés indigènes.

152. Quelle action ont pu exercer les traités de commerce conclus avec diverses puissances étrangères au point de vue du placement des prix de vente et des débouchés extérieurs des divers produits agricoles , savoir :

Les céréales ?

Les vins et spiritueux ?

Les sucres indigènes ?

Le bétail ?

Les laines ?

Les beurres et fromages ?

Les volailles et les œufs ?

Les légumes et les fruits frais ?

Les graines oléagineuses ?

Les plantes textiles ?

Les plantes tinctoriales , etc., etc. ?

À part l'hésitation du premier moment, les traités nouveaux ont eu pour effet général de faciliter la vente et les débouchés à l'extérieur ; notre pays producteur par excellence avait intérêt à les contracter ;

mais le Gouvernement Français doit veiller à ce qu'ils soient exécutés par les puissances étrangères aussi loyalement que par nous.

En ce qui concerne les céréales, les traités commerciaux, jusqu'aujourd'hui, n'ont pas produit sur le marché de résultats considérables ; nous espérons que le Gouvernement se tiendra en garde contre la tendance restrictive du consommateur français qui pourrait ne pas comprendre toujours que si l'agriculture a supporté les extrêmes bas prix, il est juste qu'elle profite sans restriction aucune de la réaction contraire.

Quant aux spiritueux, les traités ont amené une concurrence à laquelle il est difficile de faire face ; la loi de l'impôt n'ayant pas la même base en Belgique et en Allemagne, les fabricants étrangers jouissent de certaines faveurs leur permettant d'écraser la production indigène malgré des frais de transport considérables.

Par la même raison les sucres allemands peuvent lutter avantageusement avec les sucres indigènes.

D'autre part, en thèse générale et à notre point de vue spécial, nous admettons l'introduction des céréales, des vins, des graines oléagineuses, des matières textiles, des plantes tinctoriales, et malgré tout notre respect pour la liberté des transactions commerciales, nous ne comprenons pas l'introduction à la frontière des sucres, des alcools et surtout du bétail, dont la production est liée de la manière la plus intime à l'amélioration générale du sol et au progrès de l'agriculture.

153. Quelle influence ces mêmes traités ont-ils pu avoir sur les prix de vente et de location des terres qui sont à portée de profiter des nouveaux débouchés extérieurs qu'ils ont créés ?

Cette influence ne s'est pas fait sentir d'une manière bien appréciable malgré le voisinage du marché anglais ; il ne peut néanmoins qu'être favorable.

154. Quel a été l'effet de ces traités sur l'importation étrangère, et, par suite, sur le prix de revient des matières premières servant à l'agriculture, notamment :

Les fers , et , par suite , les machines agricoles et les instruments aratoires ?

Les engrais ou autres substances servant à l'amendement des terres?

Les étoffes et les vêtements, etc., etc. ?

L'emploi du fer s'est généralisé; quelques bonnes machines ou instruments aratoires d'origine anglaise ont offert des modèles aux constructeurs français.

L'importation étrangère n'a d'aucune façon concouru à l'abaissement des engrais ou autres substances servant à l'amendement des terres , sauf pour le guano dont le prix s'est sensiblement modifié.

Le prix des étoffes et des vêtements n'a fait que s'accroître , parce que la durée s'en est considérablement amoindrie vu la défectuosité de la matière première.

V. — Questions Générales.

155. Quels sont , dans la législation civile et générale , les points auxquels il paraîtrait y avoir lieu d'apporter des modifications que l'on considérerait comme utiles à l'agriculture ?

Les satisfactions que demande l'agriculture sont :

La création d'un Ministère spécial de l'Agriculture ;

L'institution d'un code de la propriété rurale ;

La nomination des membres des chambres consultatives de l'agriculture par les agriculteurs ;

L'allègement des droits de mutation et d'enregistrement ;

La répartition plus juste et plus équitable de l'impôt, par l'exonération des charges de la propriété foncière ou immobilière et l'imposition des valeurs mobilières ;

La répartition plus juste et plus équitable des revenus publics en donnant une plus large part aux améliorations rurales.

156. Quels sont, dans la législation fiscale , les points auxquels il parait y avoir lieu d'apporter des modifications que l'on considérerait comme utiles à l'agriculture ?

Etablir à l'étranger des agents consulaires plus spécialement chargés de la protection des intérêts de notre commerce agricole et de veiller à l'exécution des traités qui sont viciés au détriment de la production française.

Publier des mercuriales officielles sur les prix des denrées agricoles sur les principaux marchés étrangers.

Publier des rapports périodiques sur la situation commerciale à l'étranger au point de vue agricole.

Détaxe successive des industries agricoles de manière à ramener l'impôt qui les surcharge aux conditions de l'industrie en général.

157. Quelles sont les autres causes générales qui ont pu influer dans un sens favorable ou nuisible sur la prospérité agricole ?

La cause de l'infériorité de l'Agriculture, c'est que directement ou indirectement elle est beaucoup plus atteinte par les charges publiques que les autres industries, quoiqu'elle ait à supporter plus de chances aléatoires. Et la preuve évidente : c'est que le cultivateur le plus actif, le plus économe, le plus intelligent vit dans la pauvreté toute sa vie, tandis que son frère, son voisin devenu commerçant ou industriel réalise en peu de temps un avoir hors de toute comparaison avec celui du laboureur.

158. Quelles sont les causes secondaires qui pourraient créer des obstacles plus ou moins sérieux au libre développement de cette prospérité ?

Ces causes sont nombreuses et signalées ci-dessus.

159. Les réunions commerciales , telles que les foires et marchés , destinées à la vente des produits agricoles , sont-elles en nombre insuffisant , ou sont-elles , au contraire , trop multipliées ?

Les réunions sont suffisantes : la diffusion qui résulterait de foires ou marchés trop multipliés serait plus nuisible qu'utile.

160. Existe-t-il des mesures réglementaires émanant des autorités locales et qui seraient de nature à entraver les transactions ?

Nous n'en connaissons pas d'autres que les octrois et les droits et taxes sur les marchés qui pèsent particulièrement sur l'Agriculture et constituent le privilège des villes.

161. Quels seraient enfin les moyens les plus propres à améliorer les conditions de l'agriculture , et quelles mesures croirait-on devoir proposer dans ce but ?

Lui donner la liberté de plaider sa cause et la guider dans sa faiblesse ou son ignorance, pour la faire arriver à prendre sa place dans le domaine du droit commun , d'où elle écartera , par sa puissance invincible, tout germe de perturbations sociales et de révolutions.

Le Président ,

L. HEDDEBAULT.

Note à l'article 21.

Nous complètons notre réponse par les renseignements suivants que nous devons à l'obligeance de M. le Directeur de l'Enregistrement et des Domaines.

Monsieur ,

Par votre lettre du 8 de ce mois , vous m'avez fait l'honneur de me demander des renseignements sur l'article 21 du questionnaire général de l'enquête agricole.

Pour répondre d'une manière complète à cet article, j'aurais désiré faire ressortir *par des chiffres* l'importance du passif hypothécaire grevant aujourd'hui la propriété rurale dans l'arrondissement de Lille , et l'importance de ce même passif à d'autres époques prises pour points de comparaison.

Le conservateur des hypothèques de Lille, appelé à fournir au vu de ses registres , des renseignements de cette nature , a fait connaître que pour obtenir des documents statistiques dans le sens ci-dessus , il faudrait se livrer à un dépouillement qui nécessiterait un travail de plusieurs mois, incompatible avec les délais restreints accordés par la Commission supérieure de l'enquête.

A défaut de chiffres , le conservateur , se fondant sur les observations que lui suggère son travail de chaque jour , formule l'opinion suivante :

« Si , comparée à ce qu'elle était à d'autres époques, la si-

» tuation hypothécaire peut présenter un passif plus considé-
» rable , cette cause tient à ce que l'augmentation de la valeur
» des immeubles ruraux a facilité des emprunts plus élevés ,
» nécessités par une plus grande extension des affaires ; mais
» il n'en résulte nullement que cette situation soit plus mau-
» vaise qu'autrefois , je la crois , au contraire , plus satisfai-
» sante , tant pour le propriétaire exploitant, que pour le pro-
» priétaire non exploitant. »

A ces observations , j'ajouterai celles qui suivent :

La propriété rurale *affermée à des tiers* , dans l'arrondissement de Lille, est rarement grevée ; elle appartient en général,
soit à des familles opulentes peu exposées aux besoins qui
nécessitent les emprunts hypothécaires , soit à de riches industriels auxquels des capitaux considérables et un crédit
commercial bien établi , assurent une position indépendante.

A raison de ces conditions spéciales , la propriété rurale
affermée, a été antérieurement, et se trouve encore aujour-
d'hui dans une situation qui ne laisse rien à désirer.

La propriété rurale *exploitée par les propriétaires eux-
mêmes* est aussi, quoique à un degré peut-être inférieur ,
dans une situation satisfaisante, en ce qui concerne les grandes
exploitations. Les propriétaires des grandes cultures ont, en
général , dans l'arrondissement de Lille , une position bien
assise , qui leur permet de payer comptant le prix des terres
dont ils font l'acquisition , et qui les dispense de recourir au
crédit hypothécaire pour faire face aux besoins de la culture.

Quant aux propriétaires exploitant de petites cultures, ils paraissent moins favorisés ; cependant le passif qui les grève n'a
pu que diminuer depuis quelques années , les récoltes succes-
sives ayant produit des bénéfices rémunérateurs qui ont amené
partout une plus grande aisance.

D'après l'état ci-après , les inscriptions hypothécaires prises depuis dix ans à la Conservation de Lille , *sur les biens immeubles de toute nature*, ont suivi une marche ascendante , quant à l'importance des capitaux empruntés ; mais il est constant que cette augmentation n'atteint pas la propriété rurale ; elle affecte spécialement les terrains et les constructions que l'agrandissement des villes de Lille, Roubaix et Tourcoing, livrent chaque jour au commerce et à la spéculation.

Passif hypothécaire depuis le 1.er janvier 1856 jusqu'au 31 décembre 1865, non compris le montant des ouvertures de crédit ni celui des inscriptions d'office non passibles de droits.

ANNÉES	Nombre des inscriptions	Montant des inscriptions	OBSERVATIONS
1856	5,450	9,009,780 »	Grand nombre d'inscriptions de privilège prises en 1856 , en exécution de la loi du 23 mars 1855.
1857	4,104	9,374,060 »	
1858	5,784	10,637,840 »	
1859	5,871	10,507,200 »	
1860	5,948	8,580,950 »	
1861	4,342	10,923,930 »	
1862	4,517	11,115,280 »	
1863	4,119	12,796,980 »	
1864	5,983	12,292,420 »	
1865	4,170	15,604,590 »	

Je désire vivement , Monsieur , que les renseignements qui précèdent puissent servir à l'examen des questions soulevées par la Commission de l'enquête. Si des renseignements complémentaires vous étaient nécessaires, je m'empresserais de vous les adresser.

Veuillez agréer l'assurance de ma considération la plus distinguée.

Le Directeur de l'Enregistrement par intérim ,
REGNEULDIN.

5

Note à l'Article 96,

Fournie par M. Baucarne.

La culture du tabac, dans le Département du Nord, était autrefois une source féconde de la prospérité agricole.

La quantité plantée variait de 1800 à 2000 hectares, les prix payés s'établissaient de 90 à 110 les 100 kil. Dans ces conditions, le monopole pouvait être considéré comme une faveur, les intérêts de la culture et ceux du Trésor, étaient sauvegardés, en restant dans les termes du Décret du 28 avril 1816.

Les prix depuis bien des années n'étant plus rémunérateurs, la culture a été délaissée et réduite pour le Nord à 900 hect., toutefois, cette année, la demande est de 1000 hectares plus 1/5 de tolérance. Je doute que la Régie trouve son contingent, les prix payés en 1865, pour une récolte supérieure, n'étant que 82 fr. en moyenne générale dans l'arrondissement de Lille.

Les planteurs ne se plaignent pas du prix des tarifs, mais bien de l'application de ces prix par la Commission d'expertise. Il arrive que généralement plus de la moitié des tabacs n'entrent pas en classe, et sont considérés comme non marchands, quoique parfaitement vendus à la consommation pour un prix même plus élevé qu'autrefois.

Les Commissions d'expertise se composent de cinq membres choisis par le président, l'entreposeur et le contrôleur du magasin en font nécessairement partie. L'administration ayant dans la Commission deux de ses agents qui y sont les représentants naturels de ses intérêts , il serait de toute justice que les planteurs aient le même avantage (Loi de 1814 à 1835 , page 352), et que deux experts fussent choisis parmi une liste dressée par les dix plus forts planteurs , ou la Chambre d'agriculture, le cinquième expert restant à la nomination du Préfet pour le cas de contestation.

D'après la loi des finances du 28 avril 1816, il ne pouvait être pris à l'étranger que 1/6 au plus de la consommation. Pendant bien des années on réserva à la culture indigène les 5/6 au moins des approvisionnements de la Régie , mais en 1835 parut la loi du 12 février , laquelle n'accorde à la culture indigène que les 4/5 au plus , ce qui permettait à la Régie de prendre à l'Etranger tout ce qu'elle voulait. C'est en détruisant dans un but fiscal l'équilibre de ce double intérêt , qu'on a fait diminuer la culture du tabac.

Le résultat est celui-ci : La consommation a augmenté , et la plantation s'est amoindrie. Si , avant 1835 , il était planté dans le Département 1800 hectares , alors que la consommation était de 12,774,635 kil. , aujourd'hui qu'elle est arrivée à 30,000,000 il semblerait que non-seulement elle serait de 1,000 hectares , comme on nous l'annonce , mais bien de 4,000 hectares , toutes proportions gardées. Ce serait là un grand bienfait pour l'agriculture , car le tabac améliore considérablement le sol. Mais pour arriver à ce résultat,

Il faudrait :

1.° Que la nomination de la Commission d'expertise fusse modifiée dans le sens qu'elle fonctionnait avant 1835 ;

2.° Que les types ne soient plus pris , parmi les plus beaux champs de la récolte de l'année. Ces types servant de base pour fixer les classes , il convient qu'ils représentent la moyenne de la récolte de l'année ;

3.° Que par suite d'un meilleur classement, les tabacs fussent admis en quantité plus considérable dans les classes marchandes et conséquemment payés à un prix plus rémunérateur et en rapport avec l'augmentation des loyers , de la main-d'œuvre et des soins de toute nature ;

4.º Qu'il soit réservé à la culture indigène une portion plus grande de tabac pour la consommation ; sans aller chercher à l'Etranger des produits payés plus cher , lesquels peuvent se trouver sur le sol français. Comme pour le coton , une guerre peut nous priver tout à coup de tabacs étrangers ;

5.º Que le service soit moins rigoureux , notamment pour le compte des feuilles. Telle année peut donner dans une certaine culture tout aussi bien 30 , 40 , 50 , 100 feuilles en plus ou moins. Tout en reconnaissant l'aptitude des employés de la Régie, il serait à désirer que les perquisitions à domicile soient faites avec plus de prudence et de circonspection. Le déchet accordé pour la dessication et perte de feuilles devrait être augmenté.

Absence de suppression des savonnettes (mauvais mode); liberté pour le choix des graines, qui enlèverait une responsabilité pour la Régie. Abus de faire payer par les Planteurs 4 fr. pour chaque kil. de tabac manquant , tandis que la qualité la plus inférieure ne se vend que 2 fr. 50 le kilo.

Telles sont les observations principales destinées , si elles étaient écoutées , à encourager les planteurs , à relever une culture qui est délaissée au grand détriment de l'Agriculture.

Lille, typ. de Blocquel-Castiaux, Grande Place, 13.